U0166648

火星喵
宇宙探索科普故事

在火星等你

著／凌　晨

绘　图／陈冉勃　何　阳

项目统筹／凌　晨　崔婷婷

大连出版社

DALIAN PUBLISHING HOUSE

© 凌晨　2021

图书在版编目 (CIP) 数据

在火星等你 / 凌晨著 . 一大连：大连出版社 ,2021.1
（火星喵宇宙探索科普故事）
ISBN 978-7-5505-1621-2

Ⅰ . ①在… Ⅱ . ①凌… Ⅲ . ①火星 - 少儿读物
Ⅳ . ① P185.3-49

中国版本图书馆 CIP 数据核字 (2020) 第 240002 号

在火星等你

ZAI HUOXING DENG NI

出 版 人：刘明辉

策划编辑：王德杰　　　　　　封面设计：林　洋
责任编辑：王德杰　　　　　　封面绘图：何茂葵
助理编辑：杜　鑫　　　　　　版式设计：邹　敬
责任校对：杨　琳　　　　　　责任印制：刘正兴

出版发行者：大连出版社
地　　址：大连市高新园区亿阳路 6 号三丰大厦 A 座 18 层
邮　　编：116023
电　　话：0411-83620722 ／ 83621075
传　　真：0411-83610391
网　　址：http://www.dbjsj.com
　　　　　http://www.dlmpm.com
邮　　箱：525247891@qq.com
印 刷 者：大连市东晟印刷有限公司
经 销 者：各地新华书店

幅面尺寸：185mm×260mm
印　　张：8
字　　数：50 千字
出版时间：2021 年 1 月第 1 版
印刷时间：2021 年 1 月第 1 次印刷
书　　号：ISBN 978-7-5505-1621-2
定　　价：58.00 元

版权所有　侵权必究
如有印装质量问题，请与印厂联系调换。电话：0411-87835817

目录

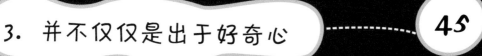

我在火星等着你

1997 年 7 月 4 日　　火星

"告诉你个好消息，人类的探测器又要来火星了。"火星喵拍拍机器兔，激动地说。

用火星探测器零件做成的机器兔，伸出它的两只用着陆器支架做的脚，围着火星喵一蹦一跳地转圈圈，兴奋得"喵喵"直叫。

"喵，妙吧？哈哈。"火星喵飞起来道，"快跟我去迎接它。"

火星喵飞到空中。机器兔不会飞，在地上蹦蹦跳跳跟着空中的火星喵。

　　它们一会儿工夫就来到了阿瑞斯峡谷谷口。那里就像火星其他地方一样，干燥、静寂。河床早已干涸，黄昏的日光洒在上面，显得十分荒凉。

　　机器兔突然停住。火星喵落到机器兔背上。机器兔背上有个弧形凹槽，正好让火星喵稳稳落在里面，舒舒服服地待着。火星喵管这个凹槽叫"猫窝"。

　　"对对对，我们就在这里等。"火星喵说，"它一会儿就来。没错，我已经接收到它的信号了。它应该还给我带了新年礼物。"

　　机器兔"嗷呜"叫了一声。

　　火星喵拍拍机器兔，笑眯眯地说："是的是的，别激动，我们等着。"

3

太阳落下，火星进入了黑夜。

火星喵还在和机器兔絮叨："太开心了，终于又有人类的探测器过来了。啊，为什么是'又'？因为以前有好多个人类的探测器来过啦！但是，不是摔坏了就是飞过去没落地。以后再慢慢给你讲它们的故事。哈，你得感谢那个摔坏了的探测器，否则就没你了。哎，说起来上一个人类的探测器来到这里还是地球年1976年。21年了，本喵都没有地球的信息，好寂寞好无聊啊！"

机器兔眨眨眼睛，然后慢慢闭上了。火星喵也打了个哈欠，它也困了，喃喃自语："好吧，就睡一会儿。"忽然，它睁大眼睛，摇晃机器兔，叫道："兔兔，快醒醒，我听到声音了。它就要来了——人类的探

5

测器！"

这时候夜已经深了，到处是伸手不见五指的黑暗。火星喵直摇头："这帮地球科学家怎么计算的，非选火星的晚上降落。是怕被火星人发现吗？可是本喵在火星上待了那么久，连火星人的毛都没看到过！"

机器兔"哼哼"表示反对。

火星喵点头："你说得对，这时候地球那边还是下午，他们应该拿一个火星时钟。"

空中传来尖厉刺耳的声音。火星喵赶紧跳出机器兔背上的猫窝，飞到空中。它将航天服上的探照灯打开了，笔直的光线射向空中。

"落下来了，落下来了！是个探测器！"火星喵拿着望远镜一边看，一边激

动地叫道。

果然，天空中有什么东西降下来了，火星喵通过望远镜看到是一个大大的降落伞带着一个探测器在快速下降。

"坏了！"火星喵叫道，"这个速度，砸在地面上会摔碎的！"

它伸爪捂住机器兔的眼睛："太恐怖了，别看别看！"

眼看探测器就要砸到地面上了，它身上一下子打开了24个巨大的气囊。探测器的降落速度慢了一点，还转了方向，向火星喵冲了过来。

火星喵吓了一跳，赶紧往旁边躲闪，机器兔也跟着它躲。但是探测器已经冲过来了，火星喵和机器兔刚刚跑开，探测器就落到它们刚刚所在的位置，弹跳了几下，

9

开始急速滚动，那些气囊把火星喵和机器兔都卷了进去。

火星喵和机器兔在气囊中挣扎。终于，探测器渐渐停下来了。火星喵扒开压住它的气囊，露出脑袋，喘口气，赶紧拖着机器兔钻了出来。

"吓了我一跳。"火星喵说，"地球人会给我送来什么礼物呢？"它边说边拉拽气囊，但是试了几次都拉不动，就命令机器兔："兔兔，和我一起拉！喵离开地球100多年了，有点想地球人了。希望他们送个人给我做伴。"

火星喵正唠叨呢，那些气囊不断排气收缩，终于露出了探测器。火星喵不由得叹了口气："这家伙太小了，肯定没有人。"它挠了挠探测器，看到上面的字迹，"'Mars

Pathfinder'，翻译成中国话是'火星探路者'，这名字还不错。"

机器兔也伸出爪子去挠探测器。火星喵赶紧制止道："你别乱动，动坏了怎么办？地球人的东西都娇贵着呢。啊，这儿也有字呀！'NASA'，这个我懂，是美国国家航空和宇航局的英文缩写，这是他们的探测器。快走开，这玩意儿在动！"

"火星探路者号"探测器动了一下。火星喵赶紧退后了几步。探测器停了几秒，又动起来，缓缓张开了三片六角形的太阳能电池板，伸出天线……

火星喵看着探测器缓慢的动作，却又不知道它究竟在做什么。"无聊。"火星喵说，"我还是找个地方睡觉去吧。"

机器兔动动耳朵，火星喵顺着它耳朵

的方向瞧，一辆微型小车缓缓从探测器的太阳能电池板下面爬出来。

"哈，这是什么？给我的新年礼物吗？"火星喵笑道，"哇哇，它是辆车子，还在爬。"

它真的是在爬，每秒只能行进1厘米，行进速度堪比地球上的蜗牛。这辆车叫"Sojourner（索杰纳）"，是人类送往火星的第一辆火星车，大小和家里用的微波炉差不多。

"它走得太慢了！"火星喵盯得眼睛都酸痛了，不耐烦地说，"半天它才动一动，不好玩，太不好玩了。"

机器兔跳到"索杰纳"身边，护着它。

"我不会拆它的。"火星喵说，"它行动慢是从地球发过来的控制指令延迟导

致的，这个我懂。"

"索杰纳"的控制指令是从与火星最近的距离大概有5500万千米的地球发出来的，这样遥远的距离，光还要走上好几分钟，指令肯定会有延迟的。"索杰纳"不仅行动慢，而且只能在"火星探路者号"周围200多米半径的范围内活动。

火星喵知道，正是因为火星和地球间距离遥远，指令无法跟上探测器的着陆速度，探测器着陆时只能自行控制。如果遇到问题，地球上的操作者是没办法解决的，只好听天由命。这也是登陆火星比登陆月球困难得多的原因之一。

3个小时后，火星上的太阳升起来了。探测器上的摄像头开始360度旋转进行全

景拍摄。"可不能让它拍到我。"火星喵赶紧躲闪，轻声絮叨，"我还没到曝光的时候呢。"

后来火星喵听地球人说，"火星探路者号"探测器利用太阳能电池板发电，陆续向地球发回了一系列火星消息。地球在探测器着陆当天晚上8点时才收到了邮票般大小的第一张火星黑白照片。又等待了一会儿，彩色照片也才开始一张张传回地面接收站。这些照片肯定不好看，因为火星上光秃秃的什么也没有。

时间过得飞快，转眼就到了2020年。

正在火星喵身旁安静睡觉的机器兔突然跳起来，朝火星喵挥手。

火星喵放下手中的图书，看看天空。

　　"2020年是火星大年，一定会有探测器再来火星的！要知道自从人类有能力向太空发射探测器后，就陆陆续续向火星发射了几十个火星探测器，失败率近60%。嘿嘿，那是欧洲空间局的'火星快车'，它只取得了部分成功，以后给你讲讲它的故事。

　　"到火星来可真不是件容易的事情。虽然不容易，但人类还是要来，兔兔，你说为什么呢？"

　　机器兔摇摇头。

　　"哈，本喵知道，本喵讲给你听。这可是人类历史上最伟大的冒险之一，动心火星，勇往前行。"火星喵跳进机器兔背上的猫窝里，"开拔！我要去迎接新的火星探测器！"

② 火星人存在吗?

在火星上，当太阳的蓝色光芒消失在山后面时，火星喵带着它的宠物机器兔抬头看着天边的一颗蓝色的星球，那是地球。

"兔兔，你知道在地球上看火星是什么样吗？"

机器兔摇摇头。

"唉，虽然你是用地球发射的火星探测器零件做的，但已经没有它们的记忆了。喵给你讲讲吧。喵在地球上有个朋友，叫地球喵，它到了天气清朗的夜晚，喜欢爬上树去看星星。它听人类说火星非常好找，是红色的，在暗夜中特别醒目，看上去还有点凶险。呵呵，本喵不喜欢凶险。

"古代地球人对火星的看法和地球喵差不多。你猜我是怎么知道古代地球人的看法的？"

机器兔又摇摇头。

"看书呗。苏美尔人叫火星'奈格尔（Nergal）'，希腊人叫火星'阿瑞斯（Ares）'，罗马人则叫火星'马尔斯（Mars）'，这三个名字都是他们各自的战神之名，象征着毁灭和死亡。"

机器兔吓得后退了几步，差点儿跌倒。

"哎，别跑啊！一个名字而已，怕什么！过来，听喵继续给你讲。中国可是天文观测大国，从很早起就有完善的观星记录。这些星星里，当然少不了火星令人迷惑的身影。中国古书上记载的火星的名字

就叫'荧惑'，是因为它的亮度总在变化，而且在天空中运动的时候，有时从西向东，有时又从东向西，令人迷惑，搞不明白它到底是怎么运动的，为什么不像其他行星那样运行有规律。

"对了，我那个朋友地球喵就来自中国。本喵非常喜欢这个国家。"

"喵！"机器兔发出赞同的叫声。

"可惜本喵没有材料了，要不然让你也能说话该多好。本喵都成话痨了。唉，也不知道地球上的兔子都怎么叫。咱们言归正传。从地球上观测，火星在天上的走位的确有点不合常规，很像战神暴躁的脾气和狂放不羁的性格。为了研究它的运动轨迹，托勒密、哥白尼、第谷这些地球上著名的大天文学家构建了一个又一个数学

第谷

托勒密

哥白尼

模型，他们的学术成果和观测记录给开普勒带来很多启发。终于，开普勒做了大量的计算和尝试后，发现火星是沿椭圆轨道绕太阳运行的行星。火星压根儿不是在乱走，而是以前的计算方法和观测不到位，古人自个儿没搞清楚。

　　"开普勒不但研究清楚了火星运行的规律，还总结出来了行星运动三定律。这三条定律分别为椭圆轨道定律、面积定律和调和定律。这个很重要，要画重点。

　　"有了开普勒的这三条定律，就可以通过数学计算预知行星在天空中的位置了。是不是很妙？"火星喵说。

　　"喵！"机器兔点点头。

　　火星喵继续说："伟大的科学家牛顿说过：'如果我比别人看得远些，那是因

喵喵便利贴

开普勒行星运动三定律

揭开宇宙中一切天体运动的规律：

椭圆定律——行星轨道是椭圆，太阳位于椭圆的一个焦点上。

面积定律——在相等的时间内，行星与太阳的连线扫过的面积相等。

调和定律——任何两颗行星公转周期的平方同轨道半长径的立方成正比。

为我站在巨人的肩膀上。'开普勒显然就是巨人中的一位。正是在开普勒行星运动三定律的基础上，牛顿发现了天体运动乃至物质相互作用的更简单、更一致的规律——万有引力定律。"

机器兔鼓起掌来，金属前肢发出"咔咔"的声音。

"万有引力就是两物体之间由于物体具有质量而产生的相互吸引力。这个引力的大小与它们质量的乘积成正比，与它们距离的平方成反比有关系。所以，本喵和火星之间也是有引力的，只是本喵的质量实在比不上火星，所以火星对本喵的引力就大于本喵对火星的引力。你明白不？"

机器兔呆呆地摇摇头。

火星喵不管它有没有听懂，继续自顾

自地说："重点是，要是没有火星，牛顿可能就发现不了万有引力定律，那地球现代的航天技术也就发展不起来了，本喵也不可能与地球上的朋友见面了。"

火星喵一时激动，滔滔不绝起来："内行看门道，外行看热闹。没事就抬头看火星的人，也不是整天就盯着火星轨道在那儿进行计算。1877年，意大利天文学家斯契亚巴勒里用一架性能优良的望远镜观察火星，他极其耐心地绘制了一份火星球面图。他一边画，还一边给火星表面的各种地形地貌起名字。他看到火星表面上有一些暗线穿过被当成陆地的明亮的区域，把一些被认为是海洋的暗区连接起来，很像连通海洋的海峡，于是他就把这些暗线叫作 canali。canali 在意大利语中是'水道'

的意思，这个词被翻译成英文的 canals（运河），而不是更确切的 channels（沟道）。你知道运河吗？就是人工挖出的大河，大型水利工程。火星上如果有运河，那就一定有火星人，有智慧文明。你看，就是这么个翻译上的误区，结果地球人得出了火星上有火星人的结论。有个成语'差之毫厘，谬以千里'，说的就是这么不靠谱的事情。哈哈哈！你想啊，老百姓看到'火星上有运河'这样的新闻报道会是什么表情。反正一多半天文学家都赶紧找望远镜，但是手头的望远镜性能并不一样，只有那些'大'望远镜才能看见'运河'，普通望远镜根本看不到。火星上到底有没有运河，有没有智慧生物？这些问题，令天文学家们吵得一塌糊涂，争得不可开交。这阵火星热

37

倒是促进了天文望远镜的进步。"

机器兔发出欢快的喵喵声。

火星喵继续讲："1894 年，火星又运行到离地球最近的位置上。一个叫罗威尔的商人放下了手中的生意，到美国亚利桑那州旗杆镇建了一座装备精良的私人天文台。他用 15 年时间拍下了数以千计的火星照片。在罗威尔的火星地图上，他标出的运河超过了 500 条。罗威尔相信火星上有智慧生物，他就用这样的方式寻找着'他们'。"

火星喵深情地望着天空中地球的方向："这个罗威尔为了寻找本喵，竟然花了 15 年，太让喵感动了。可惜火星上除了本喵，再没有别的智慧生物了，本喵也并没有开凿运河。

"罗威尔的运河地图遭到了美国天文学家巴纳德的反对。巴纳德这个人名气很大，他发现了木星的第五颗卫星，因此对天上的事情，他的理论是比较有权威性的。他坚持说无论怎样仔细观测，他也从来没有看见过火星运河，罗威尔的火星运河只是目力达到极限时产生的错觉。"

火星喵叹口气，接着讲："当时，反对罗威尔的学者可不止巴纳德一个人。80多岁的著名进化论学者华莱士也批评了罗威尔的观点，他认为火星上不可能存在液态水，那些运河只是火星表面干裂造成的巨大裂缝。要知道，火星离地球最近时也有5500万千米，远时更是达到了上亿千米。要看清楚这么远距离的火星表面的细节，难度确实太大了。"

　　火星喵拍拍机器兔的脑袋，说："看来，地球人要想搞清楚火星上到底有没有运河，除了派人上火星来实地勘察一番，没有其他令人信服的方法了。"

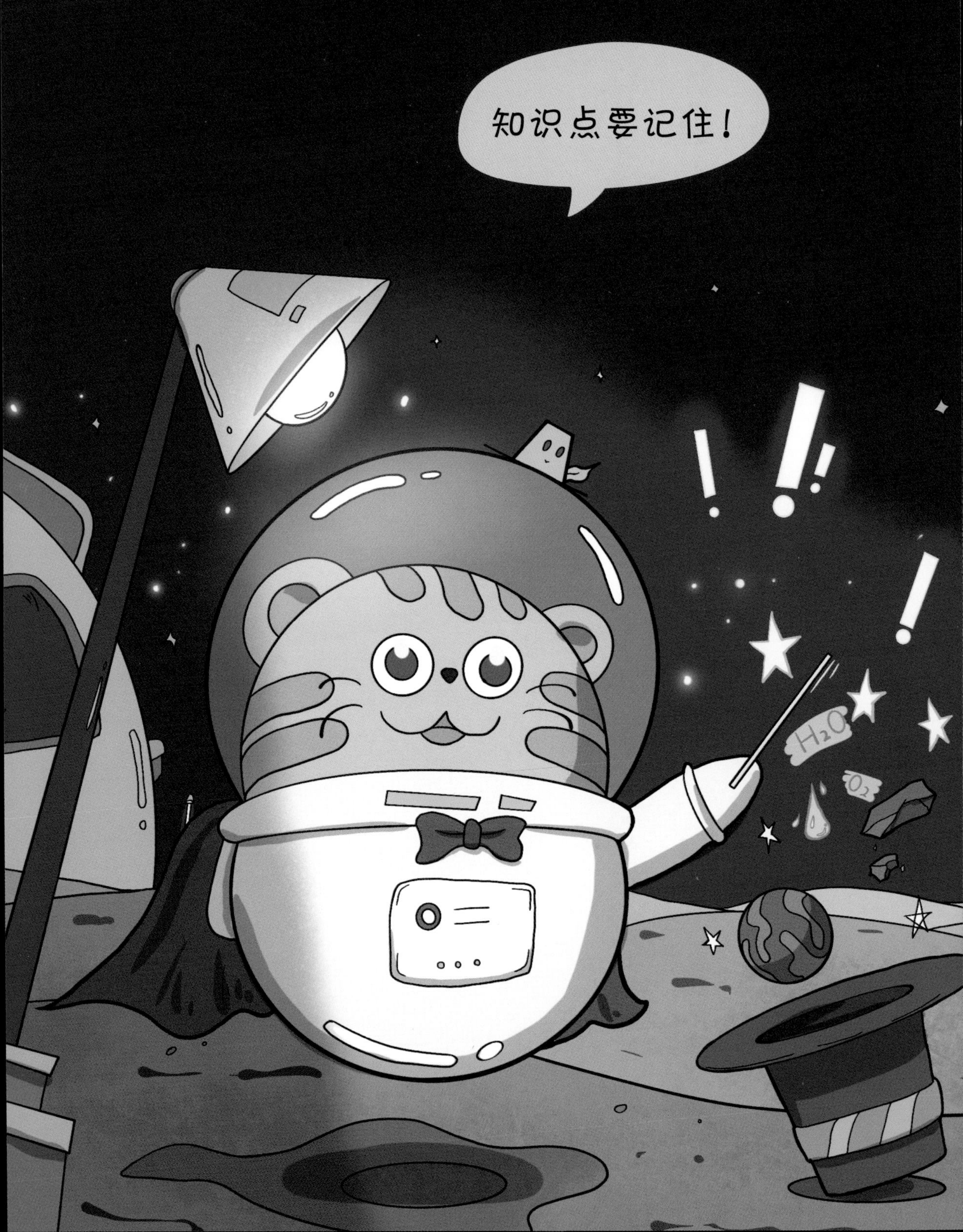
知识点要记住！
H2O
O2

3 并不仅仅是出于好奇心

火星喵一觉醒来，第一眼又看到了天边的那颗蓝色的星球——地球。

它抚摸着机器兔，继续昨天讲的故事："兔兔，你是不是觉得地球人花费那么多钱，造飞船、培养宇航员，只是为了到火星上看看有没有运河，难道他们跟本喵一样无聊？"

机器兔呆呆地望着火星喵，似乎没明白它说的话。

火星喵精神起来，说："地球人要上火星，肯定有比好奇心更强烈的驱动力。你猜猜是什么。"

45

机器兔摇摇头。

"当然是为了寻找本喵啊，哇，好激动！喵身上是不是藏了一个关于地球生死存亡的大秘密？"火星喵大笑着说。

"哈哈，开个玩笑啊，我没有那么自恋。说正经的，我觉得吧，地球人往火星上发射探测器，甚至打算派人过来建基地，至少有这些原因：第一个原因，人类必须走出地球。

"你知道现在地球上有多少人了吗？60亿还是70亿？"

机器兔还是摇头。

"告诉你，喵从地球人那个联合国及各国统计部门得到的精确数据是，截至2019年12月底，全地球二百多个国家和地区的人口总数约为70多亿！照这个趋势，

本世纪末地球人口突破100亿是很有可能的！

"哇，这么多人挤在地球上，要吃饭，要喝水，要穿衣……消耗无数能源，地球都快养不起了啊！怎么办？喵来分析一下，离地球最近的星球是月球，可是月球比较小，没有大气层，还有一半月面永远背对地球，人类想搬到月球上长期居住有点困难。

"那么太阳系中的其他行星呢？

"水星离太阳太近，几乎没有大气层，辐射和温度都超出人类所能承受的极限。金星太热，温度高达500℃，连铅都能熔化，表面气压也太大。木星、土星、天王星和海王星这些气体类行星，连飞船着陆的地方都没有，而且也是高气压环境。冥王星太寒冷，也太遥远。木星及土星的某些卫星是太阳系内可能存在生命的地方，但距离地球实在太遥远，同样不适合人类居住。本喵是不是很博学？哈哈……"

火星喵得意地说。

机器兔"咔咔"地鼓起掌来。

"谦虚。继续讲啊，咱们火星可就不一样了。在很多方面，火星就像是另一个地球——它的自转周期是 24 小时 37 分，就比地球转得慢一点点。虽然它和太阳的距离比地球和太阳的距离远，接受的阳光和热量不到地球的一半，而且表面温度随季节和昼夜变化很大，但一般在 −80℃ ~20℃。所以火星和太阳系的其他行星相比，更适宜人类居住。

"地球人要活下来就必须有水，有可

供呼吸的气体，在地球外还得考虑防御宇宙辐射。地球人这些年发射到火星的各种探测器，最重要的任务就是找水，他们终于找到了地下水冰。有水就可以分解出可供呼吸的气体。火星还有大气层，虽然大气的主要成分是二氧化碳，但可以保护人类免受宇宙辐射。火星上还有硅酸盐、褐铁矿等矿产，可以为地球人类建设火星家园所用……在太阳系里，除地球外，再也找不出比火星更适合人类居住的星球了。

"不过，火星毕竟不是地球，它的表面没有绿色植物，有的只是橙红和棕红色的戈壁沙漠。还有它的个头比较小，赤道直径大概只有地球的一半，体积不到地球的1/5，质量更仅仅只有地球的11%，引力则仅仅是地球的1/3多一点。这就造成火星虽有大气，大气密度却只到地球的 1%，和地球三四十千米的高空差不多。而且火星大气中的氧气含量极微，仅有 0.15%，二氧化碳却高达 96%！想在火星不戴氧气面罩出门，那就是自取灭亡！"火星喵拍拍自己的头盔。

　　"所以你看本喵的火星外出服多么时尚、大气、炫酷……"火星喵伸开双臂，原地转着圈，结果一个屁股蹲儿坐在了地上。

　　机器兔看到火星喵的样子，笑得四脚朝天。

　　火星喵爬起来，对机器兔说："不许笑。"

　　机器兔爬起来，严肃地立正站好。

　　"这才对嘛，我刚才讲到哪儿了？"火星喵想了想说道，"对，说到火星的恶劣条件了。不过，咱们可别丧气，只要人类想来火星定居，就没有克服不了的困难。火星的自然条件再恶劣，人类也有办法在火星生存下去，并且把它改造成第二个地球。因为目前来看，火星是未来人类探险和移民计划中唯一的、最现实的选择！"

火星喵思考了一会儿，接着说道：

"地球人要来火星的第二个原因，是进行星际比较研究。

"咱们火星曾经有地表水，后来失去了。现在的样子会不会是地球的将来？研究火星，尤其是火星的演化历史，会有助于加深人类对地球的认识。

"火星本体科学研究，为研究火星积累了资料，主要包括火星磁层、电离层与大气层的探测与环境科学，火星地形地貌特征与分区，火星表面物质组成与分布，地质特征与构造区划，火星内部结构、成分、内禀磁场探测等。"

机器兔听不懂火星喵说的那些天文学专有名词，进入了休眠状态。火星喵继续自言自语：

"第三个原因就是人类对科技进步的需求。

"火星探测技术的发明和改进，毫无疑问将极大地改善地球人类的生活质量，推动和促进新技术产业发展。兔子你要知道，航天领域每投入1元，就会产生7元至12元的回报。20世纪，美国耗资240亿美元实施的'阿波罗'登月计划，就带动了500多项高科技专利技术的发明，并且衍生出3000多种技术成果，市场价值高达上千亿美元。

"说起来，太空科技产业可是顶级的高精尖产业，因为在太空失重、极寒等极端条件下进行生产，对技术的要求极高。这些技术要是放到地球上，那是很了不得的。这些技术能够带动材料、能源、机器人、航天航空一系列产业的协同发展。中国载人航天工程起步至今，也已经累计有2000多项空间技术成果被运用到新材料、新能源、计算机、生物技术等诸多领域，产生了很好的'钱途'，但这还远远不够呢！

"喂，醒醒，等本喵有了小钱钱，给你升级换代，那样你就可以陪喵说话了，免得喵这么寂寞。"

机器兔只好睁开眼睛，继续听火星喵唠叨。

"还有很多很多原因，反正人类必须到火星来。哈，还有一个重要的原因是喵在这里啊！欢迎人类带着他们的喵，一起移民到火星来，我们就可以建立一个火星喵乐园了！"

此时，火星东方的地平线上，一轮朝阳即将喷薄而出。

4 第一个火星探测器

"兔兔，你说下一个火星探测器啥时候能来呢？"火星喵问。

机器兔摇摇头，伸展着太阳能电池板，懒洋洋地晒着太阳。

"喵给你讲讲探测器的故事吧。火星虽然离地球很近，但那是从天文尺度上来说的。对于人类来说，平均距离1.2亿千米，可是非常非常远的，要想从地球来趟火星可不是件容易的事情。首先得发射个探测器过来探探路，看看火星是什么情况。

"地球上曾经有个国家叫苏联，是个横跨欧亚两大洲的超级大国，也是能和美国叫板的航天大国。第一颗人造地球卫星就是苏联发射的。在奔月和探测火星这两件事情上，苏联也想赶在其他国家前面。1960年10月10日和14日，苏联就发射了两个未命名的火星探测器，试图飞往火星，只是可惜连地球轨道都未能到达。

"1962年11月1日，苏联发射了'火星一号'探测器，这是人类向火星正式发射的第一个火星探测器。'火星一号'重863.5千克，直径1.1米，高2.3米，有点像地球北极上晃悠的大北极熊。探测器装有两块太阳能电池板和折叠式抛物面天线，还装有拍摄火星表面照片并把照片传回地面的装置，以及考察火星上有机物、磁场、辐射带等的观测仪器。喵为了等这个探测器，好多天都没有睡好觉，因为激动啊！

"可是'火星一号'这家伙开了小差，升空 4 个月后，在距地球 1 亿多千米处与地面的电波中断，不知道跑到哪里去了，没有完成考察火星的任务。害我白等一场。"

机器兔低下了头。

火星喵接着说道：

"不过，苏联人很执着，在 1971 年 5 月 19 日和 28 日，又发射了'火星二号'和'火星三号'探测器，这次终于成功了。半年后，这两个探测器相继进入了环绕火星的轨道，成为火星的第一批人造卫星。'火星二号'的着陆器降落时坠毁在火星表面，因此没有获得任何探测数据和图像。轨道器则一直在火星轨道上工作到 1972 年。

"看着'火星二号'着陆器从天空中砸下来摔碎，本喵真有点心疼。好在'火

64

星三号'成功降落了！这个家伙总重 4650 千克，其中着陆舱重 816 千克。它在 1971 年 12 月 2 日进入火星轨道后，环绕火星运行了 12.5 天，就落到了火星表面，6 分钟

后向地球发出电视信号。可是这家伙没赶上好天气，正遇到火星上的一场沙尘暴，信号仅仅发送了 20 秒就断掉了。只有本喵看到了这 20 秒的电视，呵呵，拍的都是喵每天见到的火星，所以就没录下来。'火星三号'是人类第一个到达火星的探测器。苏联如愿以偿，在和美国比赛火星探测速度方面拿了一块金牌。

"受到'火星三号'成功的激励，1973 年，苏联一口气将 4 个火星探测器发射升空。7 月 21 日发射'火星四号'，7 月 26 日发射'火星五号'，8 月 5 日发射'火星六号'，8 月 9 日发射'火星七号'，简直是马不停蹄。这紧锣密鼓的节奏连喵的小心脏都加速跳动了！

"但是你发射快，注意点效果好不？

'火星四号'在 1974 年 2 月 10 日飞到距火星 2200 千米处，就发生制动系统故障，没能进入火星轨道。'火星五号'虽然在 1974 年 2 月 12 日进入火星轨道，向地面发回了火星表面照片，但很快就停止工作了。'火星六号'于 1974 年 3 月 12 日在火星表面着陆，本喵还没顾得上打招呼，它就与地面通信中断，成了哑巴，只能被我当玩具了。1974 年 3 月 9 日，'火星七号'离火星只剩下 1300 千米了，眼看就要到了，降落装置却发生了故障，不但没降落，还飞行去向不明。

"由于火星探测连连遭遇失败，苏联暂时中断了火星探测计划，直到 1988 年才恢复了火星探测活动。就在这一年的 7 月 7 日和 12 日，苏联陆续向火星发射了两个探

测器 '福波斯一号'和'福波斯二号'。这两个探测器装有各种科学仪器和太阳能电池板、天线、姿态控制发动机、电视摄像机等。它们在太空飞行200天后到达火星附近，对火星及其卫星'火卫一'进行考察。'福波斯一号'在前往火星途中失踪，原因是出了无线命令错误。'福波斯二号'于1989年1月成功抵达火星上空并开始正常工作，然而就在当年的3月25日左右，'福波斯二号'突然和苏联地面控制中心失去了联系，从此再也没有恢复联系。

　　"这以后直到苏联解体，苏联航天部门再也没有进行过火星探测活动了。苏联解体后，俄罗斯继承了它的航天部门，2011年发射了一个火星探测器，但是还是失败了。"

火星喵叹口气，抚摸着机器兔说：

"截至 2019 年，前苏联和俄罗斯一共损失了 10 个火星探测器和 8 辆着陆器，成为到现在为止火星探测器坠毁最多的国家，这也是有实力才敢这么做啊！在火星探索方面，好像被下了魔咒，老是不走运。但不能否认，前苏联和俄罗斯是人类火星探索的先驱，值得本喵和每一个地球人尊重。

"为了纪念这些伟大的先驱，本喵收集了坠毁在火星上的探测器零件，造出了你——机器兔。"

5

美国人的火星之旅

夜晚闲来无事，火星喵又对着机器兔讲起了故事。

"兔兔，你知道吗？你身上除了有俄罗斯探测器的零件，还有美国探测器的零件呢。与俄罗斯相比，美国的火星之旅可就顺利得多了。那些成功完成任务的火星探测器有：

"'水手四号'，1964年出发前往火星，第二年7月份就来到了火星身边——离火星约1万千米的地方，人类第一次近距离拍到了火星照片，原来火星上坑坑洼洼，布满了陨石坑。'水手四号'的运气好得

很，所有试验几乎都获得了成功，一共给火星拍摄了 21 张照片，传回地球的资料共计 5.2 兆。'水手四号'测量出火星表面大气压为 410 ～ 700 帕斯卡，比地球的标准大气压低了好多；白天火星上气温过低，

没有检测到磁场。火星这个环境，喵是习惯了，但对地球人类和其他地球生物可就不那么友好了。

喵喵便利贴

1帕斯卡有多大？

帕斯卡是大气压强的单位。1帕斯卡有多大呢？将3粒芝麻压成粉末，均匀地撒在一张长和宽都是1厘米的正方形纸上，芝麻粉对这张纸的压强就是1帕斯卡。

将1粒西瓜子平放在桌面上，西瓜子对桌面的压强是20帕斯卡。

　　"还有'水手六号'和'水手七号'，它们是一对双胞胎，长得一模一样，在1969年的2月和3月前后脚发射升空。哥俩你追我赶，争先恐后，还彼此鼓励，各自为对方拍下了不少照片。7月31日，经过156天的飞行，'水手六号'抵达火星；'水手七号'则多用了5天时间飞到火星身旁。两个探测器发回约200张火星照片。这些照片显示火星上没有运河，没有丝毫生命的迹象。那些认为存在火星人的人肯定备受打击。不过，他们再也不用害怕火星人侵略地球了。"

　　机器兔欢喜地"喵"了一声。

　　火星喵继续说："美国人继续发射探测器，1971年11月，'水手九号'飞抵火星轨道，并且在1972年1月3日成功进入

了环绕火星的轨道，成为第一颗环绕火星飞行的地球人造卫星。'水手九号'绕火星运行一圈的周期约为 12 小时 34 分钟，稳稳地一直绕火星运行到第二年的 10 月份。这段时间里，'水手九号'遇到了一次全球性的沙尘暴，并发现了火星上一座巨大的火山，以及一条横跨火星表面长达 4000 多千米的巨大峡谷。这条峡谷因此被命名为'水手谷'。'水手九号'成功拍摄了火星全貌，发回地球 7329 张照片。这些照片中最令人惊奇的，是坍塌的火星古老河床上有被水侵蚀过的痕迹！"

机器兔似乎听明白了火星喵的意思——就是说火星在远古时代也有河流，它兴奋地跳来跳去。

火星喵笑着说："1976 年本喵最开心了，

一下子就来了4个家伙！2个轨道器和2个着陆器！喵和它们玩躲猫猫游戏，可开心了。'海盗一号'与'海盗二号'7月和9月前后脚飞抵火星，这两个家伙都带着轨道器和着陆器。'海盗一号'的着陆器顺利在火星表面着陆后，它的轨道器一直工作到1980年，着陆器则一直工作到1982年。'海盗二号'的轨道器工作到1978年，着陆器工作到1980年。哥俩都是劳模。它们证实了火星是一个荒凉的世界，有大峡谷、山脉，以及蜿蜒曲折，外表酷似河床的结构物。虽然火星上也有环形山，但比月球上要少得多。火星表面大气非常稀薄，地表大气压仅相当于地球上海拔3万米高度处的大气压，一旦有液态水存在，立即就会蒸发光。

　　"唉，可是这两个着陆器不经玩，陆陆续续都坏掉了。此后，火星上又只有本喵了，好无聊。"

　　机器兔用脑袋蹭蹭火星喵。

　　"终于等到1997年7月，'火星探路者号'来了，就是咱们跟前的这个探测器了。隔了10年，着陆器和火星车的技术都有了很大改进，就连外形都比以前好看很多，喵很喜欢。要知道，'火星探路者号'计划从提出到发射仅用了几年时间，不得不说是个奇迹。'火星探路者号'找到了火星阿瑞斯平原曾发生过特大洪水的证据，厉害。

　　"2003年，一对兄弟探测器'勇气号'和'机遇号'来到火星。哥俩都是长1.6米、宽2.3米、高1.5米，约180千克重的胖家

伙。2004年的1月25日，'机遇号'火星车在火星表面登陆。它是个超级耐用的家伙，设计工作寿命是3个月，却直到2018年6月才与地面失联，无法再为人类工作。'机遇号'发现了火星海洋存在的证据。'机遇号'的兄弟'勇气号'也不含糊，2004年1月4日登陆后，就兢兢业业工作了7年，对火星土壤进行了研究，最终因为轮子陷进沙地而无法调整太阳能板的方向，没能度过火星上的寒冬。

　　"'勇气号'仅仅比'机遇号'少了一点运气。哥俩能在火星上坚持工作那么久，得益于精益求精的设计理念和高水平的制造工艺，它们身上集合了当时高水准的工程学、机械学、材料学、计算机自动化、控制学、行星科学等学科的先进理念。

很多技术工艺与解决方案沿用至今，甚至会用到未来。

"'勇气号'和'机遇号'检验着人类最先进的技术和工艺水平，它们在火星上的发现倒在其次了，这些发现包括部分火星表面上撒落的赤铁矿球体、火星子午

线平原上富含硫酸盐的沉积物、被称为'蓝莓'的沙质表面上的小球体、巨大的地下水层，甚至还找到了一块陨石。"

机器兔听不懂了，又打起了盹。火星喵还在口若悬河地讲个不停：

"2006年春天，火星勘测轨道飞行器来了，它是人类历史上最成功的火星探测器之一，完美地完成了探测火星上是否有水的任务。为了完成对火星进行高空勘测的任务，它搭载了高分辨率成像科学设备、火星专用小型侦察影像频谱仪、浅地层雷达、火星气候探测器等设备。它发现了火星表面似乎存在流动的液态水！

"接下来，来到火星的是'凤凰号'着陆探测器，它在2008年5月25日成功降落到火星北极附近区域，任务是勘探极

地的环境，并且找水，还真让它找到水冰！"'好奇号'探测器 2012 年 8 月 6 日着陆，它是第一辆采用核动力驱动的火星车，目的是探寻火星上的生命元素，说白了就是找火星人。喵可不能被它发现了。这个探测器登陆火星后，把火星土壤加热到 835℃，从土壤中分解出了水和二氧化碳等物质，水的含量还不低。有了水，人类移民火星就有了更大把握。"

火星喵顿了顿，继续说：

"不过，美国的火星之旅也不都是一帆风顺，也遭遇过失败。有些探测器失踪了，有些探测器因为莫名其妙的错误导致失败。

"1999 年，'火星极地登陆者号'携带两个深层太空探测器在火星南极附近着陆。但是下降过程中着陆器的腿过早伸开，产生了着陆器已经登陆的假象。结果当着陆器还在火星上空时，控制中心就关闭了发动机，让它直接砸在了火星的大地上摔了个粉碎。"

火星喵摇摇头继续道：

"喵真为那些探测器惋惜，飞了那么远的路，却在最后时刻前功尽弃。

"不过，美国虽然屡屡失败，但在对火星的探测方面，他们还是走在了其他地球人前面。

　　"对了，兔兔，你知道自己身上哪些零件是来自坠毁的美国探测器吗？——喂，你有没有听我讲话？"

6 猜猜谁先登上火星

半夜，火星喵睡不着，于是叫醒了休眠中的机器兔，继续给它讲故事。

"喵想起一件事忘记告诉你了，除了俄罗斯和美国，你身上也有来自欧洲一些国家的零件。也就是说，除了美国和俄罗斯的探测器，地球上也有别的国家和组织派探测器到火星来过。

"记得那是 2003 年，快到年底了，就在喵觉得一年又这么无聊地过去了的时候，欧洲空间局发射的'火星快车号'探测器带着'猎兔犬二号'着陆器向火星奔来。——啊，别怕，这个'猎兔犬'不是

97

来捕猎你的，那时候还没你呢。——不幸的是，'猎兔犬二号'在降落过程中与地球控制中心失去联系，科学家们认为这是对火星大气层的稀薄程度认识不够，导致'猎兔犬二号'降落时没来得及打开降落伞而坠毁。只有喵知道，可怜的'猎兔犬二号'并没有坠毁，而是已经成功登陆火星，但是不知道哪个地方卡住了，没能打开太阳能电池板，因此无法与地球取得联系。

"直到 2015 年年初，科学家们才在美国的火星勘测轨道飞行器发回的火星照片上发现了'猎兔犬二号'。

"虽然'猎兔犬二号'失败了，留在火星轨道上运行的'火星快车号'还是有了重大发现。它发现了火星北极有冰，还有极光。

　　"对了，在'火星快车号'身上装配着由中国香港理工大学研制的岩芯钻，一个耗电量非常低的特制钻头。它套用筷子的原理，将钻嘴破开，待钻入岩石中后，钻嘴即可像筷子般灵活夹取样本。可惜，随着'猎兔犬二号'的失踪，这双'中国筷子'未能成为全球首个钻挖外星土壤的工具。猜猜它现在在哪里。"

　　机器兔摇摇头。

　　"哈哈，这个很难猜吗？当然在喵这里！喵当它是地球人送的新年礼物噢。"

　　火星喵开心地大笑，然后继续讲道：

　　"中国的邻居印度，也派火星探测器过来凑热闹，在火星探测这件事情上他们也付出过很多努力。那是在2014年，印度的火星探测器'曼加里安号'成功进入了

火星轨道。这个探测器花费了印度 45 亿卢比，大约相当于 4 亿元人民币，也是到现在为止印度唯一的火星探测器。为什么不继续研究呢？太费钱了。

"其实喵最想看到的是中国的探测器，可就是等不到。到了 2011 年，听说中国的首个火星探测器'萤火一号'就要飞过来了，喵高兴得几天几夜没睡着觉。可是搭载'萤火一号'的俄罗斯'天顶号'运载火箭飞出地球后却没有变轨成功，'萤火一号'和俄罗斯的'福波斯－土壤号'探测器一起坠入了太平洋。

"唉，让喵白高兴一场。可见，火星探测是一件考验技术的事情，而且特别花钱。就连财大气粗的欧盟，也不得不拉几个小伙伴一起做这件事情。欧盟的'火星

快车号'搭载的是俄罗斯的'联盟号'火箭，携带的是英国的'猎兔犬二号'着陆器，装备的是美国提供的雷达和火星大气测量设备。

"而且探测火星不是想来就能来的。火星的轨道是椭圆形的，每隔26个月，地球离火星的距离最近，这个时间点就是发射火星探测器最佳的时候，也叫窗口期。因为距离较近，可以节省大量的燃料，同时缩短探测器抵达火星的时间。窗口期每2年才会有一次，而且持续的时间只有30天左右，一旦错过就得再等2年。所以地球在2014年、2016年和2018年都有探测器过来，每2年才来看一次喵。呵呵，喵不怪地球人，谁让地球离火星这么远呢，串门不容易啊。

"喵就是想知道，中国探测器啥时候能来火星。2020 年火星的窗口期，中国终于行动了！

"现在，还在火星表面和轨道上工作的人类探测器，喵给你数数啊，有'好奇号'和'洞察号'两个陆面探测器，以及'火星奥德赛号'、'火星快车号'、火星勘测轨道飞行器、'曼加里安号'、火

"洞察号"
火星微量气体轨道探测器
"火星奥德赛号"
火星勘测轨道飞行器
探测器开会啰。
火星大气与挥发物演化任务探测器

星大气与挥发物演化任务探测器、火星微量气体轨道探测器6个轨道器。火星已经成为地球以外拥有人类卫星最多的星球了，轨道上可热闹了。"

火星喵望着星空发呆，喃喃地说："现在就差中国的探测器了。"

它又抱着机器兔说："兔兔，喵告诉你一个好消息，想不想听？"

机器兔点点头。

"我收到了中国朋友地球喵发来的信息，它悄悄告诉我，让我别急，中国的探测器就要来火星了，这次要来个高级的。"

机器兔听完，激动得竖起了耳朵，两只天线耳朵像雷达一样转个不停。

"哈哈，高兴吧，喵比你还高兴呢。"火星喵与机器兔一块儿跳起了舞。

7
听说中国人要来了

收到地球喵发来的中国即将发射探测器的消息以后，火星喵非常高兴，天天晚上做美梦。这不，天还没亮，它又对着机器兔滔滔不绝：

"喵知道从地球到火星不容易，可是经过这么多年，地球人已经积累了大量火星探测的经验。虽然地球到火星的确距离遥远，而且探测器还不可能直接飞过来，实际飞行距离要几倍于地球到火星的直线距离，对发射、控制、通信等技术都有很高要求，但本喵还是对中国非常有信心。中国航天事业发展了这么多年，尤其是'嫦娥探月工程'圆满执行，奠定了重要的技术基础。兔兔，你知道'嫦娥探月工程'吗？'嫦娥'月球探测器带的月球车叫'玉兔'，有'玉兔一号''玉兔二号'，以后还会有三号、四号的，有机会把这几只兔子介绍给你认识。"

机器兔欢快地喵喵叫。

"咱们继续讲中国火星探测的技术基础。第一，发射火星探测器需要大推力运载火箭，中国'长征五号'就是那个胖乎乎的'胖五'火箭，已经具备了这样的能力；第二，针对超远距离的测控，中国已经建成深空测控站，并在'嫦娥二号'拓展任务中实现了超过1亿千米的测控；第三，探月取得的成功，为中国在着陆、巡视技术等领域奠定了基础。所以从技术上来说，

中国已经完全具备了探测火星的能力。"

火星喵抬头望着火星红色的天空，继续讲：

"但是也不能大意，探测器飞近火星后就面临着入轨和着陆的考验。什么时候'刹车'进入火星轨道，进入轨道的角度是多少，何时打开降落伞，何时切断降落伞……每个环节都步步惊心，都需要精准计算，做到毫秒不差，否则就会完蛋了。

"探测器下降着陆可是个危险的阶段，可比飞行到火星的难度大多了。火星大气密度远远小于地球大气密度，着陆器进入大气后，以每小时2万千米的速度'撞'向火星，需要通过气动外形、降落伞、反推发动机等多种装备，一步步减速，才能安全着陆。着陆器降落到火星地面只有7

在火星等你

喵喵便利贴

黑色7分钟

在这短暂的时间里，火星着陆过程完全需要探测器自主完成。因为地球和火星遥远的距离，操作信号会有延迟，如果依赖地面指挥，等信号传到，探测器已经落地。所以只能依靠研究人员提前输入的数据，由探测器进行自主判断。过去许多探测器都没有挺过这7分钟。让火星探测器精准着陆，就好像从巴黎发高尔夫球让东京的人来接球，难度系数恐怖级！

分钟的时间，被称为'黑色7分钟'。想想就可怕。"

火星喵拍了拍机器兔的脑袋，接着说：

"听地球喵说，中国首个火星探测器已完成了气动外形设计，以及气动力、气动热设计工作，火星降落伞高空开伞试验、着陆器悬停避障试验也都顺利完成了。只等发射窗口来临了。

"虽然中国火星探测起步较晚，但是起点高，所以效率也会比较高。中国的探月工程分为'绕''落''巡'三步，首次火星任务中，就要一次性完成'绕''落''巡'三大任务，这在航天史上是史无前例的壮举。

"中国的火星探测器叫'天问一号'，共配置13种有效载荷，它的任务是探测火

星的形貌、土壤特征、物质成分、大气、水冰等。成功降落后，'天问一号'还要接受复杂、恶劣的火星环境的考验。相信'天问一号'能经受得住考验，圆满完成火星探测任务。

突然，火星喵的耳朵竖了起来，它瞪大眼睛，"天啊！我收到了地球喵的信号。它来了！它来了。'天问一号'已经发射了！"

火星喵不由得仰头看天。它的目光穿过火星稀薄的云雾，穿过黑色的太空中，落在那颗叫地球的蓝色行星上，看到正有一个小小的黑点在向外冲！那就是"天问一号"！

"它还带了火星车，来火星挖土回地球！"火星喵激动得直跳高。机器兔虽然

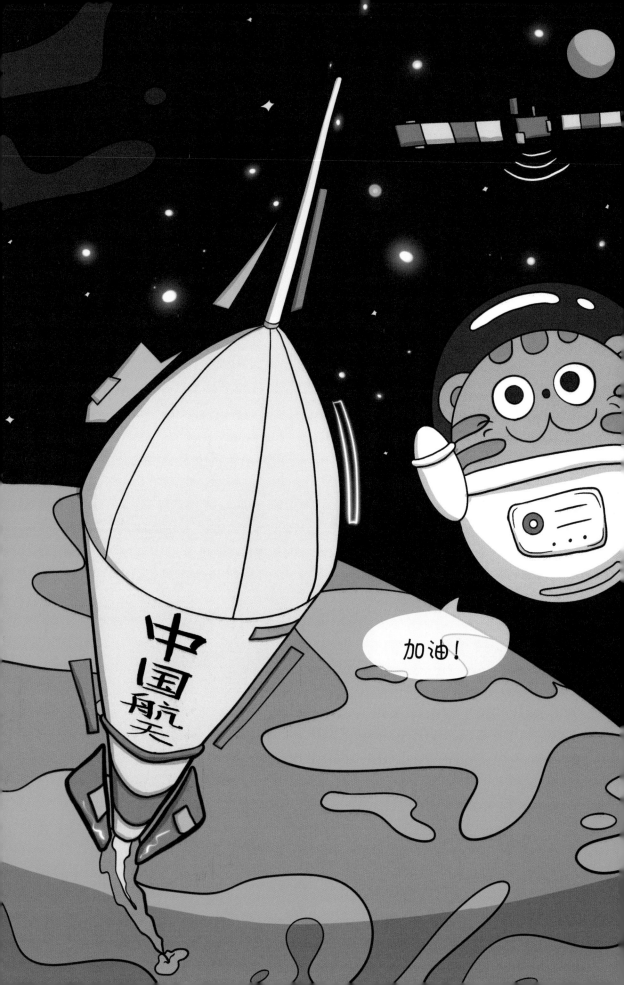

没听懂几句，但它还是鼓起掌来。

火星喵抱着机器兔，一起望向天边的地球，那颗蓝色的星球。

火星喵说："看来，2021年火星又将热闹起来了。喵期盼见到带着五星红旗标志的火星着陆器，我们一起和中国的火星车玩耍。你说妙不妙？"

机器兔说："喵！"

火星喵笑着说："哈哈，喵有很多火星的秘密，打算告诉第一个登上火星的地球人，你说，会是中国人吗？"

机器兔点点头。

此时，天边的那颗蓝色星球消失了，一轮泛着蓝光的太阳在火星东方升起。